科普
新经典

STORIE E SEGRETI DI ALBERI E PIANTE

我的第一本草木图鉴

〔意〕埃洛伊萨·瓜拉西诺　安娜·迈诺利　著

〔意〕丹妮拉·斯波托　绘

赵其美　译

中国中福会出版社·上海

图书在版编目（CIP）数据

我的第一本草木图鉴 /（意）安娜·迈诺利，（意）埃洛伊萨·瓜拉西诺著；（意）丹妮拉·斯波托绘；赵其美译 . -- 上海 : 中国中福会出版社 , 2024. 6.（科普新经典）. -- ISBN 978-7-5072-3743-6

Ⅰ . Q94-34

中国国家版本馆 CIP 数据核字第 2024SL2807 号

著作权合同登记号图字：09-2023-0747

我的第一本草木图鉴

著　　者：〔意〕埃洛伊萨·瓜拉西诺　安娜·迈诺利

绘　　者：〔意〕丹妮拉·斯波托

译　　者：赵其美

出 版 人：屈笃仕

责任编辑：康　华

装帧设计：译出文化

出版发行：中国中福会出版社

社　　址：上海市常熟路 157 号

邮政编码：200031

印　　制：上海雅昌艺术印刷有限公司

开　　本：889mm×1194mm 1/16

印　　张：12.5

版　　次：2024 年 6 月第 1 版

印　　次：2024 年 6 月第 1 次

书　　号：ISBN 978-7-5072-3743-6

定　　价：138.00 元

这本草木图鉴属于

....

....

Un giardino di carta

纸上花园

　　在很久之前，人们就已经开始用植物做标本集了，其插图形式的最早痕迹可以在中世纪的精美手稿集中找到，这些手稿集将神奇和梦幻的信息与科学知识结合在一起。但实际上，对植物世界的兴趣起源于更早的希腊人和拉丁人，他们开始使用基本的插图，并附有植物学注解，来介绍他们所知道的植物的医疗功效和饮食用途。随着时间的流逝，在 16 世纪，草木集开始形成，大致就是我们今天所看到的样子：在书中对不同种类的植物进行分类，这一次不再是单纯的绘画，而是将收集到的植物晒干后粘在书页上，并对其科学特征进行描述。由此诞生了一种研究和保存植物物种的方法，从最常见到最奇特的植物，都封存在一个巨大而多彩的"纸上花园"中，四季可赏。草木集中有大量关于植物的信息：从它所属的科，即根据植物特征将其与其他植物联系起来的分组（在这一领域，卡洛·林诺〔Carlo Linneo〕因在 18 世纪将这种分类法现代化而闻名），到植物学特性、起源环境、栽培地点，直到它在人类生活中的各种用途。

　　事实上，植物并不是一种"简单"的植物有机体：它首先是我们生存所不可或缺的，因为它能够为我们提供氧气，没有氧气，我们就不可能在地球上生存。从最平常的到远离你的国家的物种，你将发现，每种植物都蕴藏着知识宝库，爱护身边的自然是多么重要，以及，我们与植物和自然的联系，其实紧密到远超想象。

目 录

Orto e fruttet
菜园和果园

Bosco
森林

Piante dal mondo
世界各地
的植物

Orto e frutteto

菜园和果园

也许我们从未仔细想过，每天我们餐桌上的大部分蔬菜和水果，都是在人类的精心呵护下，土地送给我们的珍贵礼物。

菜园是一个封闭的土地空间，按照精确的组织方式进行耕种，见证着植物从播种、灌溉、护理等阶段到收获果实的所有生长过程。

相反地，四季又调节着人类研究和执行这一勤奋计划的时间，只有尊重这一自然周期，耐心遵守大自然规定的节奏，土地才能生产出它给予人类的礼物。

园子里的蔬菜和水果是我们生活的能量来源，是大地赐予我们的真正礼物，而我们却常常忘记它们的来源和重要性。

只有在人类的关爱和呵护下，在菜园这样肥沃和充满生机的土地上，才能生产出优质的产品，越是对土地怀抱敬畏之心，产品的风味就越是独特。因此，关心和了解菜园环境、植物及其蕴含的无数特性就显得尤为重要。

Melograno 石榴树

Fico 无花果树

Melo 苹果树

Agrumi 柑橘树

Zucca 南瓜

Erbe aromatiche 芳香草药

Erbe aromatiche

芳香草药

Ocimum basilicum 罗勒；*Mentha* 薄荷；*Salvia officinalis* 鼠尾草；
Rosmarinus 迷迭香；*Origanum* 牛至

芳香植物起源于不同的国家，主要来自地中海地区和亚洲。这些灌木中有些是常绿植物，如迷迭香、鼠尾草、薄荷和牛至，有些是一年生植物，如罗勒，因此必须每年播种。当然还有更多！百里香、马郁兰、欧芹……它们都是以含有芳香物质为特征的植物，在厨房中备受青睐，可以为蔬菜、肉类、鱼类、酱汁、比萨和面包增添风味。在烹饪过程中，这些物质会释放出来，散发出强烈而刺激的香味。

从薄荷中提取的薄荷醇是制作糖浆和夏季清凉冰激凌的绝佳原料，罗勒就更不用说了，它是意大利香蒜酱的主要成分，是利古里亚特产的典例。芳香植物在其他许多领域也很有用处。例如，芳香植物可用于制作香水、甜酒、花草茶和精油，并具有多种治疗特性，因此有很高的药用价值。

芳香植物的公认特性主要是防腐、抑菌和消炎，对消化系统和呼吸系统有益。

薄荷
MENTA

罗勒
BASILICO

鼠尾草
SALVIA

牛至
ORIGANO

迷迭香
ROSMARINO

Aglio

大蒜

Allium sativum

　　大蒜是一种原产于亚洲的球茎植物，其气味和口感都非常独特，在世界各地广受欢迎。它是一种调味品，因其特有的味道而别具风味，它的名字也由此而来：allium 意为"辛辣的，燃烧的"。

　　在古埃及，大蒜是奴隶饮食的一部分，人们认为让奴隶食用大蒜有助于他们在金字塔中的艰苦工作。希腊人和拉丁人也知道大蒜的功效，在烹饪和体育比赛中大量使用它来提高成绩。

　　古希腊名医希波克拉底（Hippocrates）推荐大蒜的治疗功效，这种功效至今仍为大众医学和科学所认可。

　　因为大蒜具有驱虫的功效，在中世纪，医生们习惯用大蒜汁浸渍口罩，以保护自己免受寄生虫和细菌的侵害。也许正是因为大蒜的这一功能，才有了大蒜能驱赶吸血鬼的传说，因为吸血鬼显然受不了人类血液中的大蒜味道。

　　并非人人都能接受大蒜的味道。更少为人知的是，大蒜的花朵其实十分美丽。大蒜品种繁多，其花朵有黄色、蓝色、紫色、淡紫色和白色。

　　大蒜还有一种野生变种，名字非常有趣：熊蒜。它们生长在山林中，之所以叫熊蒜，很可能是因为其叶子顶部卷曲，像熊的耳朵。

　　在许多民间传统中，大蒜被编织成花环，晒干后挂在房门上，用来避邪和驱除厄运。

Zucca

南瓜

Cucurbita maxima

南瓜是一种从 9 月开始成熟的蔬菜，是秋天的象征之一。它实际上是一种灌木状植物的果实，其枝条沿着地面爬行。南瓜的形状多种多样，有大有小，有圆有长，有表面光滑的，也有粗糙不平的，颜色有黄色、绿色或橙色。

我们的祖先还把南瓜用作容器，其中较为特别的是"南瓜瓶"，因其形状酷似南瓜而得名。掏空的南瓜还用来储存盐，因此，人们爱用"南瓜里装着盐"来形容聪明睿智的人。

南瓜是一种非常古老的植物，在伊特鲁里亚人和古罗马人生活的时期就已经被熟知。但如今广泛种植的南瓜品种源自中美洲，因此直到 16 世纪，南瓜才与土豆、玉米和番茄等其他蔬菜一起传入欧洲。

南瓜非常容易保存，能够保持一整个冬天不坏，所以对古代人和我们没有冰箱的祖父母来说，南瓜十分重要。

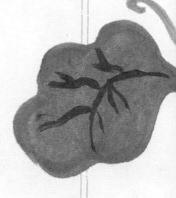

南瓜作为原料出现在许多菜式中，如意大利烩饭、意大利面和咸馅饼。南瓜子也可以食用，能为我们提供维生素和矿物质，对我们的健康非常有益。

南瓜在著名的童话故事《灰姑娘》和许多传说中都占有一席之地，其中最著名的是源于爱尔兰的传说：在万圣节之夜，人们雕刻并点亮南瓜灯，以驱赶鬼火和其他鬼魂。

南瓜可可蛋糕

南瓜还可以用来制作美味的蛋糕，
特别是与可可一起烹饪后，其风味更是绝佳。
以下是制作美味南瓜蛋糕的方法：

400 克南瓜 ❧ 200 克面粉 ❧ 120 克黄油（或 10 匙植物籽油）
150 克糖 ❧ 70 克无糖可可粉 ❧ 2 枚鸡蛋 ❧ 1 包蛋糕发酵粉

将鸡蛋和糖一起打散，加入融化的黄油（或植物籽油）和煮熟并搅拌均匀的南瓜浆，随后加入面粉、发酵粉和可可粉。搅拌均匀后将混合物倒入烤盘中，在 180° 下烘烤约 40 分钟。

Fagiolo

菜豆

Faseolus vulgaris

　　菜豆属于豆科植物，是一种小型攀缘灌木，叶片细嫩，开白色小花，果实形态通常为椭圆形种子状，颜色为褐色、白色、黑色或红条纹色，边缘有黑眼。

　　我们今天所知的菜豆品种起源于中美洲，随着新大陆的发现，菜豆被征服者带到了欧洲。不过，除了这一普遍种植的品种之外，还有由古罗马人培育的本土品种。

　　在许多古老和盛行的传统中，豆子被赋予连通死后世界的能力，因为人们相信它具有超自然的力量。例如，在古罗马，人们在一个名为农神节的节日期间使用豆子：从袋子中抽取豆子，来决定谁是十二月底狂欢节的国王。

　　英国有一个家喻户晓的故事——《魔豆与杰克》，小杰克和他的母亲住在一个农场里，这对贫穷的母子彼此相依为命。

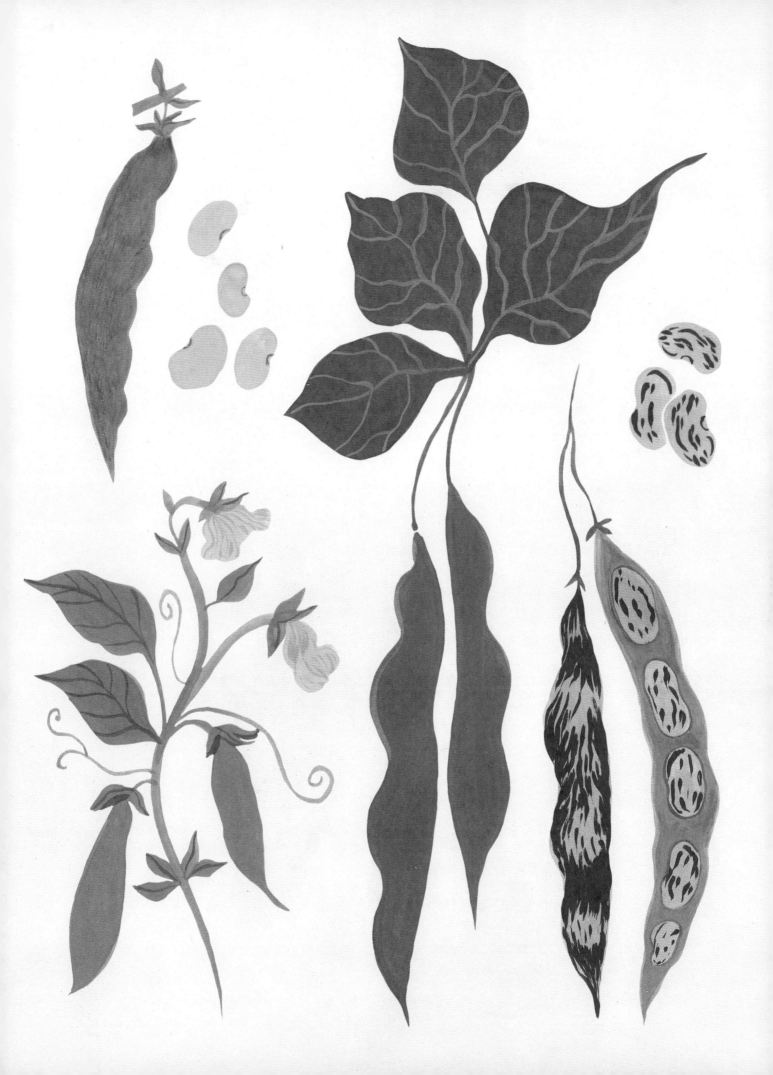

据说，小杰克在集市上用一头牛换了一把豆子。然而，这些豆子并不是普通的豆子：一个晚上，豆子就破土而出，长成了一棵巨大的藤蔓，直插云霄。

杰克顺着豆子的茎往上爬，来到了一个凶恶的巨人家，从他那里偷走了金币、会下金蛋的鸡以及会发出美妙音乐的竖琴，从此他和母亲过上了幸福的生活。

蔓越莓[1]豆巧克力蛋糕

不是每个人都知道用豆子可以制作美味的蛋糕，
比如蔓越莓豆巧克力蛋糕。

250 克蔓越莓豆 ❧ 30 克无糖可可粉 ❧ 2 枚鸡蛋
60 克糖 ❧ 1 包蛋糕发酵粉 ❧ 1 匙橄榄油 ❧ 香草香精

将豆子搅拌成奶油状，从打散的鸡蛋开始混合所有配料，最后将混合物放入烤箱以 180° 烘烤约 40 分钟。

---

1 译者注：蔓越莓豆，在意大利语中被称为 borlotti，在某些地区被称为"贝壳豆"，营养价值高。蔓越莓豆的名字来源于豆荚的外观，豆荚通常是红色或粉红色的，豆子本身是白色或奶油色，带有深红色斑点，在烹调过程中，这些深红色斑点通常会随着颜色的变暗而消失。

Pomodoro

番茄

Solanum lycopersicum

番茄原产于中美洲，是一种攀缘植物，花朵为黄色，成熟后的果实呈红色。它的名字"金苹果"源于果实最初的金黄色，后来经过人工嫁接，番茄果实才变成红色。

哥伦布发现新大陆后，西班牙领袖埃尔南·科尔特斯（Hernán Cortés）将番茄带到了欧洲。番茄最初只作为观赏植物，人们赋予它浪漫的力量，在法国它被称为"爱的苹果"。

而在中美洲，番茄被称为"有肚脐的胖东西"，这一词实际上是对番茄形象而有趣的描述。

与印加人和阿兹特克人一直将番茄作为菜肴的基础原料不同，欧洲人很晚才发现番茄可食用的特性。直到 18 世纪，欧洲人才开始种植番茄，而非将其视为有毒的观赏植物。

事实上，番茄有毒的说法并非毫无根据。番茄中含有茄碱，这种物质大量存在于茎和叶中，只有一小部分存在于果实中，因此与其他部分相比，番茄果实是可以食用的。

作为"地中海饮食"的主食，今天我们知道，番茄富含能够预防多种疾病的物质，对人体非常有益。它出现在许多食谱中，无论是生食还是熟食……说到这里，我们怎么能不提起比萨呢？此外，番茄还被用来制作特色饮品、鲜榨果汁等。番茄汁略带酸味，但健康解渴。

西班牙冷汤

西班牙冷汤是一道典型的安达卢西亚菜肴，
由番茄、辣椒、黄瓜和洋葱制作而成，
在西班牙炎热的夏季，冷汤无疑是一道清爽的菜肴。

冷汤的制作方法很简单，将番茄、黄瓜、辣椒、洋葱和一瓣大蒜切片，然后将所有材料放入搅拌机中，加入少许油、盐和胡椒粉搅拌均匀，直至混合物变得黏稠。随后加入提前用水和醋腌制过的面包屑。再次搅拌后，在冰箱中放置约一小时即可食用。

Melanzana
茄子
Solanum melongena

茄子是一种草本植物，高约 30 厘米，开白色大花，果实有紫色的、蓝黑色的、绿色的、白色的，还有带紫罗兰色条纹的，果肉则呈白色海绵状。

茄子原产于亚洲，极有可能发源于印度，大约在中世纪初被带到中东和地中海盆地，但直到 18 世纪左右才在欧洲广泛种植。

茄子有多个品种，形状和颜色各不相同。有趣的是，在英语国家，特别是在美国，茄子被称为"鸡蛋植物"，因为茄子是白色的，看起来像鸡蛋一样圆。

在餐桌上，茄子是一种用途广泛的蔬菜，可用于制作令人垂涎欲滴的佳肴，如意式焗茄子、慕莎卡（希腊传统菜肴）、法式杂菜烩（法国菜中一种典型的炖菜）、诺玛红酱意面和卡波纳塔（二者均为西西里菜）。

茄子也是油炸和烧烤佳品，人们主要在夏季，也就是茄子成熟的季节食用它。

　　根据一些流行的传统说法，茄子这一名称意为"不健康的苹果"，因为茄子是不能生吃的，在过去，人们甚至担心吃茄子会生病。

　　但这样的说法并不能让人们抵抗茄子的美味。茄子富含多种有益成分，并且有极高的抗氧化能力。

你知道茄子有一种非常古老的烹饪方法吗？
这道菜由阿马尔菲海岸的僧侣们发明，
他们将茄子和巧克力结合在一起。
没错——巧克力茄子！
其风味绝佳，试过就会知道！

Patata

马铃薯

Solanum tuberosum

马铃薯是一种杂草植物，其块茎（即生长在地下的部分）可以食用。它最适宜生长在气候温和、凉爽且没有高温的环境中。

和番茄一样，马铃薯也是随着美洲的发现而传入欧洲的。哥伦布曾在南美洲的土著居民那里品尝过用马铃薯制作的面包，并将马铃薯形容为"有栗子味的胡萝卜"。

马铃薯富含淀粉、钾、维生素 B 和维生素 C。马铃薯可以在阴凉处保存，但要避光。这样做是为了避免马铃薯发芽，因为其发芽后会产生一种对人体有毒的物质——茄碱。

马铃薯营养丰富，即使在相当寒冷的气候条件下也能生长，这样的特性使马铃薯成为世界上栽培最多的植物之一，在许多民族的饮食中都有马铃薯的身影。

凡·高在其最重要的艺术作品中，为我们留下了一幅美丽的油画《吃马铃薯的人》，这幅油画现存于阿姆斯特丹。我们可以从这幅画中了解到，几个世纪以来，马铃薯一直是穷人的营养来源。

　　如今，马铃薯已成为我们语言的一部分，我们每天都在使用许多与它相关的表达方式，如"看起来像一袋马铃薯[1]"、"有一个土豆鼻[2]"、递给别人一个"烫手的山芋[3]"。

　　马铃薯在烹饪中用途广泛，世界各地有不同的食用方法，其中最著名、最美味的是油炸。

　　关于炸薯条的发明，法国人跟比利时人之间存有争议。法国人声称，这个配方是在法国大革命时期由安托万·帕门蒂埃（Antoine Parmentier）发明的。他向国王路易十六进献了一些马铃薯植株，以便向法国人传播这一植物。

---

1 译者注：形容某人是个粗笨的人。

2 译者注：马铃薯又称土豆，此处指鼻梁较塌，鼻头圆钝，鼻子形状不精美。

3 译者注：形容某件事很棘手。

Zucchina

西葫芦

Cucurbita pepo

　　西葫芦是一种草本植物，茎匍匐或攀缘，结出的果实通常长而绿，呈圆柱形。这种蔬菜原产于美洲，16 世纪哥伦布发现新大陆后传入欧洲。黄瓜、南瓜、西瓜和甜瓜与它同属一个家族。

　　西葫芦品种繁多，颜色、形状和大小各不相同，在意大利，最著名的有米兰西葫芦、利古里亚西葫芦、佛罗伦萨西葫芦、罗马西葫芦和的里雅斯特西葫芦。

　　说到品种，1990 年人们在英国发现了世界上最大的西葫芦，重达 29 千克！

　　西葫芦的花朵美丽娇嫩，呈浓橙色。将西葫芦与咸面团一起煎炸，或是与马苏里拉奶酪一起做比萨饼都非常美味。

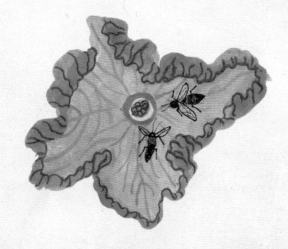

　　有一个关于西葫芦的故事，充分体现了它在美洲本土饮食中的重要性。故事讲述了三个形影不离的姐妹遇到了一个年轻的战士，她们都爱上了这个战士。由于这三个女孩彼此无法分离，年轻人便把她们都带走了。

　　传说中，战士把她们安置在自己的家中，保护她们免受严寒的侵袭，她们心怀感激，开始照顾战士的生活起居，各尽所能，从不辜负他的收留之恩：就像玉米、豆子和西葫芦从不辜负美洲原住民的培育之恩一样。

　　这一传说显示了西葫芦对美洲原住民的重要性，西葫芦通常与攀缘豆类和玉米一起种植，即与其他植物"协同"种植，每种植物都是为了让其他植物更好更健康地成长。

Cipolla

洋葱

Allium cepa

洋葱是一种草本植物，原产于亚洲，与大蒜和韭菜同属一个家族。它由细长的茎和叶子组成，在茎的底部，即根部生长之前，会先长出球茎，也就是我们都知道的洋葱的可食用部分。成熟后，球茎被包裹在一层干燥、薄薄的金褐色外壳中。

洋葱是一种常被用于烹饪的蔬菜，它的球茎用来为许多菜肴调味，同时洋葱也具有对人体有益的功效，因此在民间医学中，洋葱被用来配制糖浆，治疗咳嗽和支气管炎。民间信仰还认为，洋葱能有效对抗巫术的邪恶。

众所周知，洋葱会让眼睛流泪。这是因为当我们切洋葱时，它会释放出一些硫基气体物质，这些物质会刺激眼睛。为避免这一不便，我们可以在切洋葱前将它浸泡在水中。

洋葱在古代就已经被人们使用，古埃及人把洋葱奉为圣物，甚至用它来制作木乃伊。

古希腊人则将洋葱视为女神拉托娜的圣物，因为有了这种蔬菜，拉托娜才能消除怀孕引起的恶心，恢复食欲。

许多民族尤其是北欧民族，相信可以通过洋葱占卜并预测未来。例如，当需要做出重要决定时，人们会种下两个洋葱，用它们代表两个不同的决定。哪个球茎先发芽，与之对应的就是人们想要的答案。

农民们还会把洋葱切成十二瓣，每一瓣代表一个月，然后撒上盐，以此来预测天气。人们认为通过分析每瓣洋葱的干燥或潮湿程度，就能知道哪几个月雨水较多，哪几个月雨水较少。

洋葱是意大利人的主食，尤其是在制作酱汁、肉汁和调味汁时。事实上，要想与芹菜和胡萝卜一起烹制出完美的蔬菜酱底，洋葱是必不可少的原料。但要记住一个小窍门，那就是要提前将洋葱浸泡在水中，以免在切片时散开！

Cavolfiore

野甘蓝

Brassica oleracea

野甘蓝的花序呈头状或球状，非常显眼，是一种典型的冬季蔬菜，它品种繁多，颜色各异：有白色、黄色、橙色、绿色和紫色。野甘蓝家族中还有西兰花、球芽甘蓝、萨瓦卷心菜和卷心菜。

尽管野甘蓝在烹饪时会散发出特有的气味——更确切地说是"臭味"，但它是一种非常健康的蔬菜，煮、炒、烤、蒸都十分美味。

你知道野甘蓝也可以生吃吗？像做沙拉一样把它切成小块，用少许油和柠檬拌匀，既美味又松脆，还容易消化。

因含有硫元素而散发出特别的气味并不是野甘蓝的优点，作为一种蔬菜，野甘蓝含有丰富的维生素 C，对人体非常有益，这才是人们喜爱并称赞它的原因。

上述这一点早在 16 世纪就为水手们所熟知。在前往美洲的伟大航程中，水手们被迫长期航行，无法接触陆地，也没有新鲜食物。

野甘蓝和柑橘是这些艰难航行中的真正救星，因为它们提供了对身体有益的新鲜食物。同样地，它们也给 18、19 世纪的捕鲸船提供了同样的补给。

在民间传统中，特别是在东欧，流传着一个广泛的传说——婴儿是在野甘蓝下出生的。这个传说的起源是，收割野甘蓝的妇女从地里将它剪下，就像接生婆剪断新生儿的脐带一样。

Carota

胡萝卜

Daucus carota

　　胡萝卜是一种生长在中欧和南欧的野生植物。

　　胡萝卜有两种类型：一种是野生胡萝卜，我们可以在田野和河边找到它们的踪迹；另一种是人工栽培的胡萝卜，我们可以从它们身上获得美味的橙色根茎，这就是我们所熟知的、在餐桌上常见的胡萝卜。

　　野生胡萝卜播种后，根部会开出漂亮的白色花朵，从中能够提取出一种珍贵的油，古希腊和古罗马人用这种油来制作香水，治疗皮肤病。

　　古时候的人们只知道胡萝卜有治疗作用，并不将它作为食物食用。直到中世纪，胡萝卜才开始出现在人们的日常饮食中。在意大利，卡特琳娜·德·美第奇将胡萝卜介绍给宫廷厨师，至此胡萝卜才被引入佛罗伦萨菜式中。

　　胡萝卜可以是白色、橙色或紫色，其中富含有益健康的物质。胡萝卜含有一种叫做 β－胡萝卜素的化合物，有助于人体产生对视力有益的维生素 A。

　　大量摄入 β－胡萝卜素还能使皮肤焕发金色的光彩，这也是胡萝卜有助于美黑的原因。

Agrumi

柑橘类果树

Citrus sinensis 甜橙；*Citrus reticulata* 柑橘；
Citrus aurantium 酸橙；*Citrus limon* 柠檬

柑橘类果树是起源于东方的植物，如今几乎遍布世界各地，尤其是在温暖、气候适宜的国家。柑橘类果树是常绿植物，花为白色，我们称之为橙花，散发醉人的香气。柑橘类水果中最著名的是甜橙、柠檬、柑橘、柚子，还有香橼和酸橙。

柑橘类水果富含维生素 C，是预防感冒的天然良药，尤其是在冬季。

柑橘类水果的培育方法是由阿拉伯人带到欧洲的，但早在古希腊和古罗马，人们就已经知道一些柑橘品种，并将其用于观赏和治疗。

过去有这样一种习俗：用柑橘类水果的果皮来制作圣诞装饰品，并为家居增添香味。人们将柑橘皮切成星星或其他装饰品的形状，在烤箱或炉子上烘干，然后挂在圣诞树上或其他需要装饰的地方。

　　除了食用，柑橘类水果也被作为观赏植物种植。即使是在今天，在一些炎热的地方，人们还是习惯种植柑橘树，不仅美化环境，还能在最炎热的晴天为人们提供天然的纳凉地。例如，在西班牙塞维利亚的步行街上，人们可以在遍布全城的橘树树荫下避暑。

　　文艺复兴时期诞生了所谓的橘园，橘园由大窗户围成，阳光可以透过窗户照射进来，让植物开花结果，以此来点缀住宅，特别是美化贵族的居所。季节适宜的时候，植物会被移到室外的花园中，享受阳光的直射。凡尔赛宫的橘园就很有名，那里有一百多棵橘树，柑橘是路易十四国王最喜欢的水果之一。

Albicocco

杏树

Prunus armeniaca

杏树是一种原产于中国的小乔木，由希腊人和罗马人引入欧洲，再由阿拉伯人将其带到地中海地区种植。

杏树生长在热带或温带气候中，是春季最早开花的果树之一，因此杏树比其他夏季水果成熟得早。杏树还能很好地适应寒冷的气候；在世界上海拔最高的山脉喜马拉雅山脉上也有杏树的生长，这绝非偶然。印度拉达克地区就以杏树而闻名，在严寒的冬季，当地的气温可低至零下 20 摄氏度。人们爱将杏果晒干后食用。

杏果富含铁、钾和其他矿物质，是炎热季节补充水分的完美食品。由于杏子口感柔软细腻，人们常用它制作甜点和果酱。在中东国家，人们将杏与肉类搭配制成美味菜肴，如著名的塔吉锅，是一道由肉类、杏、香料和蔬菜搭配，用传统的锥形陶罐烹制而成的菜肴。

杏核中含有种子，叫做杏仁籽，它有一种特殊的苦味，被用于制作杏仁饼干，口味十分独特。

Melo

苹果树

Malus domestica

苹果树是世界上分布最广的果树之一，原产于东方。它的树干长三米到十米不等，几乎能适应任何地方，耐寒性很好。

苹果与天地同寿，据说生长在伊甸园中的"分辨善恶树"上。世界上第一个女人夏娃从树上摘下了苹果，尽管上帝禁止她吃那棵树上的果子，但在蛇的诱惑下，夏娃违背了上帝的旨意，也因此与亚当一起被逐出了伊甸园。

苹果也是另一个古老故事的主角，在希腊神话中，金苹果是女神赫拉、阿佛洛狄忒和雅典娜争执的中心。

帕里斯王子不得不通过赠送金苹果的方式来选出谁是最美的女神，最终阿佛洛狄忒胜出，这也最终导致了特洛伊战争的爆发。

　　尽管在这些故事中，苹果给人的印象并不好，但它却是一种非常有益的水果，富含维生素，因此有"一天一苹果，医生远离我"的俗语。

　　不过，还有许多其他故事为苹果正名，其中之一正是物理学家艾萨克·牛顿的故事。多亏了一个苹果，他才有了一个至关重要的科学发现：万有引力。据传，牛顿似乎是坐在自家花园的一棵树下，从一个苹果的坠落中得到启发，从而得出了这个他赖以载入史册的定律。

　　苹果能够加速其他水果的成熟，这并非每个人都知道。试着把苹果放在任何其他未成熟的水果旁边，你会发现这些水果比平时成熟得更快！

　　与苹果有关的一个著名传说是瑞士英雄威廉·泰尔的故事：一个有权有势的暴君命令威廉用箭射中放在威廉儿子头上的苹果，如果射偏了，他就会和孩子一起被处死。这位箭术高超的射手准确无误地射中了苹果，保住了自己和儿子的性命。

Ciliegio

欧洲甜樱桃树

Prunus avium

　　欧洲甜樱桃树，高度在 15 米到 30 米之间，以结出一种红色的圆形小果——樱桃而闻名，樱桃在春末和夏季成熟。

　　同属一科的植物既产我们熟知的甜樱桃，也产一种酸味果实，被称为酸樱桃，用来制作糖浆和蜜饯。

　　樱桃木特别漂亮，具有独有的红色纹理，几个世纪以来一直被用来制作精美的家具和乐器。它的树脂也独具芳香，可作为香料用于制作口香糖。

　　樱桃具有清热解毒的功效，樱桃梗（即果实与树干相连的小枝）对健康非常有益，可用于制作利尿草药茶。

Fico

无花果树

Ficus carica

　　无花果树是一种寿命可长达数百年的果树。它的茎不太高，也比较窄，叶子宽而长，果实多汁，学名为"siconium"，俗称无花果。

　　无花果甜美多汁，果实内部呈鲜艳的红宝石色，外皮较薄，呈绿色或紫色，是一种含糖水果，在夏末秋初成熟。

　　无花果树喜欢温暖的地中海气候，正因如此，无花果树在意大利南部地区非常常见，那里有着将无花果果实晒干的传统。根据传统工艺，人们在成熟期采摘无花果，放在柳条架上，在阳光下晒至完全脱水。

　　风干后，无花果被串成长长的一串，根据地区喜好与习惯的不同，加入核桃、茴香籽、杏仁、橘子皮，有时也会裹上巧克力，保存起来，成为一种美味的天然甜点，尤其适合在冬季享用。

　　古埃及人将无花果树视为象征不朽和重生的"生命之树"，并用它来建造棺椁，确保逝者顺利进入来世。

　　古希腊人也非常重视无花果树，将它视作雅典娜、酒神狄俄尼索斯和生育之神普里阿普斯的圣物。罗马人则把它与战神马尔斯相联系，认为无花果果实是吉祥之物，可以作为礼物在年初时赠与他人，表达美好的祝愿。

　　无花果叶占卜术是一种通过无花果叶预测未来的艺术，在古代就有。其方法是在叶子背面写下一个问题，如果字迹在短时间内干涸，则预示着凶兆；反之，如果字迹在一段时间内保持新鲜，则象征着吉兆。

Melograno

石榴树

Punica granatum

　　石榴树是一种源自波斯的植物，自古以来就在欧洲广泛种植。石榴花呈美丽的朱红色，果实又大又圆，在秋季成熟，根据品种与成熟度不同，呈黄绿色或粉红色等。

　　石榴的名字来源于拉丁文" malum"和"granatum"，前者意为"苹果"，后者意为"有种子"。石榴可食用的部分有限，许多白色、坚硬的种子被透明的红色果肉包裹着，这种果肉被称为假种皮，吃起来酸甜可口，剥开果壳即可食用。

　　石榴还可用于制作甜点、烩饭和沙拉。它的特性还使它成为美容、护肤和护发的重要成分。在许多文明中，石榴也是爱情和生育的象征。古希腊神话中记载，爱神阿佛洛狄忒为了纪念狄俄尼索斯，在人间种下了石榴树。

　　从古希腊罗马时期到文艺复兴时期，石榴这一古老的植物果实出现在许多艺术作品中，其中包括拉斐尔和达·芬奇的画作。最著名的作品之一是桑德罗·波提切利的画作《持石榴的圣母》，现存于意大利佛罗伦萨的乌菲齐美术馆。

Alloro

月桂

Laurus nobilis

月桂是一种芳香植物，也是一种药用植物，可用于治疗。月桂呈灌木状，可生长至 10 米高，广泛分布于意大利，是典型的地中海地区植物，能够自然生长，无需人工养殖。

在古代，月桂被视为一种神圣的植物，是智慧和胜利的象征。在体育和诗歌比赛结束时，人们将月桂的枝条交织在一起，编成一顶叶冠，戴在胜利者的头上。

在希腊神话中，月桂是太阳神阿波罗的圣物。相传，阿波罗爱上了女神达芙妮，就在树林中追赶她，而达芙妮则拼命奔跑，不愿接受阿波罗的爱意。为了躲避阿波罗，达芙妮向父亲河神求救，于是河神将她变成了一棵月桂树。阿波罗拥抱了这颗月桂树，据说从那时起，他头上就戴上了一顶用月桂树枝条编成的桂冠，以纪念达芙妮，纪念这段无望的爱情。

同样地，在希腊传统中，月桂树叶如果被通晓神谕者咀嚼，就能预示未来。也许正是因为月桂叶被认为具有超自然的力量，所以在一些民间传统中，人们会在枕套里放一片月桂叶，相信它能让梦想成真。

Fico d'India

梨果仙人掌

Opuntia ficus—indica

梨果仙人掌是一种原产于墨西哥的植物，如今广泛分布于地中海地区，特别是在意大利南部地区，如西西里岛、撒丁岛和卡拉布里亚大区，是当地的典型景观。

梨果仙人掌是一种多汁植物，多汁植物的学名通常意为"肉质植物"，即能够储存大量水分以度过干旱期的植物。

梨果仙人掌由叶片组成，这些叶片看起来像植物的叶子，但实际上是它的茎和枝。梨果仙人掌的叶子非常小，只有几毫米长。

在面对梨果仙人掌时我们必须非常小心：它的刺对皮肤刺激很大，又很难拔出。因此，在采摘美味的果实时，最好戴上手套。梨果仙人掌的果实是一种椭圆形、黄橙色的浆果，甜美多汁。

由于梨果仙人掌耐旱，水手们出海时会携带它以预防坏血病，坏血病是一种因缺乏维生素 C 而导致的疾病，而梨果仙人掌的果实中含有非常丰富的维生素 C。

木樨榄[1]

Olea europaea

　　木樨榄是一种常绿植物，原产于中东地区，寿命长达数千年。这是一种非常古老的树，从它的果实橄榄中可以获得一种珍贵的产品：橄榄油。橄榄的采摘时间为 10 月至 12 月，采摘时，橄榄果会被丢到在树脚铺设的大网中。

　　与木樨榄有关的传说很多，其中最著名的是雅典建城的传说。据说雅典娜和波塞冬都想成为这座城的保护神，互不相让，宙斯裁定，每个人给这座城送一件礼物，谁的礼物被市民选中，这座城就归谁。波塞冬用他的三叉戟敲击地面，带来了一匹敏捷而健壮的骏马；雅典娜敲击岩石，从中生出了一棵光彩熠熠的树：世界上第一棵橄榄树。

　　由于果实中含有橄榄油，木樨榄能够照亮黑夜、治愈伤口、提供营养，为种植者带来许多益处。宙斯选择了雅典娜的礼物，并将木樨榄生长的地方命名为雅典，以纪念这位女神。

　　木樨榄的重要性在荷马史诗《奥德赛》中也得以体现。据说奥德修斯围绕着一棵大橄榄树建造了他的卧室，他砍伐并加工了这棵树，把树桩变成了他的床基。

---

1 译者注：俗名油橄榄。

　　在有关诺亚方舟的传说中，在连续多日的大雨之后，诺亚放飞了一只鸽子寻找陆地，最终，鸽子带着橄榄枝回到了方舟，这是大水退去、地球即将恢复安宁的征兆。

　　许多传统都将橄榄树视为圣物，如今，橄榄树在全世界都被视为和平的象征。

Bosco

森林

    在森林中漫步时，你是否觉得这是一个充满秘密、守护着永恒智慧的地方？森林就是我们所说的广袤之地，里面生长着茂密的植物，还生活着许多动物，它们种类各异，千姿百态。

    森林的环境与氛围可以说是神奇的，甚至是神圣的，它会随着季节不同而变换，无论是春夏的花团锦簇、冬日的枯木独枝还是雪后的琼花玉树，都给我们带来回味无穷的美景。

    森林并不仅仅是一个景色别致的地方，它的神秘孕育出无尽的灵感，让古往今来的人们在这里创作童话和传说。森林的土壤也蕴藏着无数的资源，供人类不断地利用。

    除了我们食用的许多水果来自森林之外，许多用途广泛的植物和木材也来自森林，可以用它们制作家具、工具、乐器甚至服装等。

    森林慷慨地为我们提供许多物资，我们也应当避免任何形式的污染和滥用。我们必须尽我们一切所能保护森林。

Abete 冷杉

Noce 胡桃木

Acero 枫树

Gelso 桑树

Mandorlo 扁桃树

Frutti di Bosco 浆果

Agrifoglio 欧洲枸骨

Acero

枫树

Acer

　　枫树是一种可以长到 30 米高的植物，种类繁多，原产于欧洲、亚洲和北美洲。枫树的特征之一是它的叶子，枫叶一般为五角形，在秋季会呈现出绚丽的红色，因此被广泛种植在公园和花园中，作观赏用途。

　　枫树广泛分布于北美洲，尤其是在加拿大，枫叶甚至是加拿大的国家标志，位于国旗的中央。

　　日本枫树也非常有名，它体型小，叶片弯曲，呈"钟形"。由于其美观且低矮，这一品种甚至可以在阳台上盆栽。

　　著名的枫糖浆就是用枫树的一个亚种——黑枫制成的。枫糖浆在美国很受欢迎，在加拿大尤为盛行，产量很大。枫糖浆是一种含糖液体，通过煮沸枫树汁液而获得，加拿大土著居民易洛魁人早已知道这种方法，他们将这种提取物制成晶体，用作甜味剂，同时也用作提神剂。如今，枫糖浆已成为北美美食中的基础成分，在制作煎饼（用面粉、黄油、牛奶和鸡蛋制作的早餐煎饼）时不可或缺。

Mandorlo

扁桃树

Prunus dulcis

    扁桃树是世界上最美丽的果树之一，原产于亚洲，高 5 至 8 米，可以存活多年。扁桃因白粉色的花朵而闻名，春天一树桃花绽放，蔚为壮观。扁桃仁是一粒种子，包裹在坚硬的外壳中，外壳本身由果肉包围。

    根据希腊神话，扁桃的起源与菲利斯和阿卡曼特斯的爱情故事有关。阿卡曼特斯是一位年轻的英雄，他在前往特洛伊的途中遇到了公主菲利斯。二人坠入爱河，但阿卡曼特斯不得不出征。菲利斯等待了 10 年，期盼着阿卡曼特斯的归来。10 年后，她悲痛欲绝，以为他已经战死。雅典娜女神怜悯这位少女，将她变成了一棵美丽的扁桃树。

    但阿卡曼特斯其实还活着，他听到这个消息，就赶到扁桃树生长的地方，与它紧紧相拥：在拥抱中，扁桃树开出了白色的花朵，象征着他们永恒的爱情。

据说东方人的眼睛是"扁桃仁"形的。显然，这一说法来自他们西伯利亚祖先的一个特征："扁桃仁"形状的眼睛有助于保护他们免受霜冻和雪地中反射的阳光的伤害。

在厨房里，扁桃仁被用来制作许多甜点。人们用扁桃的果肉制成面粉，用于制作蛋糕、饼干和糕点，人们还用它制作著名的扁桃仁露。扁桃仁还可用于制作咸味菜肴，与鸡肉、鱼肉和蔬菜搭配食用。

Noce

胡桃树[1]

Juglans regia

胡桃树是人类栽培的最古老的果树之一，它高大雄伟，可以长到 30 米高。它的木材因色泽和纹理美观而非常珍贵，胡桃木硬度极高且不易生虫，因此几个世纪以来一直被木匠用来制作珍贵的家具。

胡桃树结出的果实在未成熟时是绿色果壳，成熟后会变成棕色。果壳内是种子，也就是我们吃的胡桃仁。

胡桃中含有一些深色物质，称为单宁酸，适合用作着色剂，在古代，被用来给织物染色或将头发染成棕色。胡桃油可以用来增强美黑的效果，也能治疗某些疾病。但千万要注意，胡桃不可给狗和马食用，会使其中毒！

1 译者注：俗名为核桃树。

许多个世纪以来，意大利是种植胡桃最多的国家。正因如此，人们能够以它为食。胡桃能提供许多热量，但不会使人发胖。此外，胡桃中还含有许多优质脂肪，即不饱和脂肪，以及维生素 A、B1、B2、B3，以及锌、钾、镁、磷、硫、钙、铁等矿物质元素。

因此，人们认为每天吃几个胡桃对健康有益。胡桃可用于制作糖果和冰激凌，也可用于沙拉和咸味菜肴的调味。

胡桃被认为是神奇的坚果和幸运符，因此出现在许多童话故事中。其中最有名的是《拇指姑娘》，拇指姑娘用胡桃壳做摇篮，用玫瑰花瓣做毯子。

Nocciolo

欧洲榛

Corylus avellana

欧洲榛是一种原产于小亚细亚的果树，高2到8米，生长在高地、丘陵和山区。它的叶子呈心形，结出的果实外壳最初是绿色的、柔软的，成熟后变为坚硬的棕色。欧洲榛的植物学名称"Corylus"源自希腊语"korus"：头盔，正如其果实的形状一样，由一个罩子保护着。

在古罗马，人们习惯将榛树的嫩枝作为吉祥物赠送他人。虽然拉丁历史学家老普林尼建议人们不要食用榛子以避免发胖，但他还是推荐将榛子烤熟后食用，以治疗咽喉肿痛。

意大利是仅次于土耳其的世界第二大榛子种植国，其中的一些地区被认为是榛子特产地，如皮埃蒙特大区的朗格产区、坎帕尼亚大区的吉福尼产区和阿韦利诺产区。

榛子也是制作精美甜点的原料，例如，源自德国的林泽蛋糕就是用榛子粉制成的。此外还有牛轧糖、饼干、冰激凌……尤其是美味的奶油，加入榛子粉后更是令人难以抗拒。

Castagno

欧洲栗

Castanea sativa

    欧洲栗是欧洲地中海地区的一种树木，广泛分布于气候温和的丘陵和山区。它的高度在 10 到 30 米之间，寿命可达数百年。欧洲栗是一种雄伟的植物，每到秋天，黄色、红色和橙色的树叶就会闪闪发光。

    欧洲栗是一种非常重要的树种，其珍贵的果实——栗子（又称板栗）长期以来一直滋养着人类和动物。栗子的坚硬外壳被称为瘦果，果实包在果壳里，在秋季成熟。在森林中采集栗子时，建议戴上结实的手套来保护双手。

    栗子磨成的粉用途广泛，在过去，人们还用它来制作面包。

今天，我们用栗子制作甜点，如栗子糕和蜜饯栗，或是用烤箱或火炉烘烤栗子后食用。制作栗子时，必须在烹饪前将其切开，否则栗子会爆炸！

欧洲栗给予人们的另一种礼物是栗子蜜，微苦，但有润肤作用，它是天气变冷后皮肤的良药。

关于栗子为什么有壳，流传着各种传说。其中一种说法是这样的：很久以前，栗子和其他水果一样，自由地生长在树枝上。有一天，栗子厌倦了被松鼠吃掉的命运，便向森林里的刺猬求助。刺猬说，栗子可以把自己藏在长满刺的壳里。于是从那天起，栗子们得到了外壳的保护，直到如今。

Betulla

桦树
Betula

桦树是北欧国家的典型树种，高度可达 20 米，以其独特的白色树皮而闻名，树皮上有黑色条纹，给人一种优雅而又神奇的感觉。

桦树通常生长在被大火烧毁的土地上，正是因为桦树的这种耐力，在瑞典的于默奥市，一场毁灭性的大火之后，只有几棵桦树存活了下来，于是人们种植了大量的桦树，以示纪念和保护。从那时起，这个城市也被叫做"桦树之城"。

在斯堪的纳维亚国家，桦树被认为是一种具有超自然力量的植物，被称为"宇宙之树"，巫师们在进行冥想和与神明沟通时都会爬上桦树。

或许是因为桦树的颜色是明亮的白色，在许多传统中，桦树都有着净化和重生之意，因此它也被称为"光明使者"。在今天的俄罗斯，人们仍然相信，如果把桦树种在家门口，它就会为主人带来好运。

在古代，桦树的树皮被用来制作船只、工具、纸张、鞋子，为房屋防水，甚至用来制作食物。拉丁历史学家老普林尼告诉我们，高卢人将桦树皮制成焦油状物质，用来堵塞洞口，修补裂缝，这一习俗最早可以追溯到新石器时期。

桦树还以治疗发烧和流感而闻名，它的特性至今仍为人所知。事实上，桦树还被用于天然药物中，特别是作为消炎药、治伤药和净化剂。

在中世纪的法国，桦树被认为是智慧的象征，也正因这一传统，老师们一般会使用桦树枝条制作的教具。

Abete

冷杉

Abies

　　"冷杉"一词是指冷杉属植物，即具有共同特征（如针叶形状扁平）的一类植物物种。我们可以通过观察针叶插入树枝的方式来区分冷杉和松树：冷杉的针叶是一根一根插入树枝的，而松树的针叶则是一簇一簇插入树枝的。冷杉是山区的典型树种，广泛分布于北半球。

　　冷杉中最常见的树种是云杉和银杉。云杉是一种耐用的木材，经过长时间的风干（这一过程甚至可以长达 50 年），可以制作出世界上最好的小提琴；从银杉的叶子中可以提取出松节油——这是一种画家用来稀释油画颜料的物质。从银杉树叶中还可以提取出一种香精，这种香精对治疗感冒非常有效：在一碗沸水中滴入几滴香精，然后深呼吸，芬芳的蒸汽会让你立刻有舒适的感觉。

　　冷杉是圣诞树中的杰出代表。圣诞树的传统起源于北欧，相传与圣·博尼法斯有关，他从英格兰到德国传教，养成了用蜡烛装饰冷杉的习惯，这样他就可以在冬夜与信徒们交谈。几个世纪前，德国人开始在圣诞节时往树上挂金苹果、姜饼、干果、威化饼和彩色纸花。于是，圣诞树诞生了。

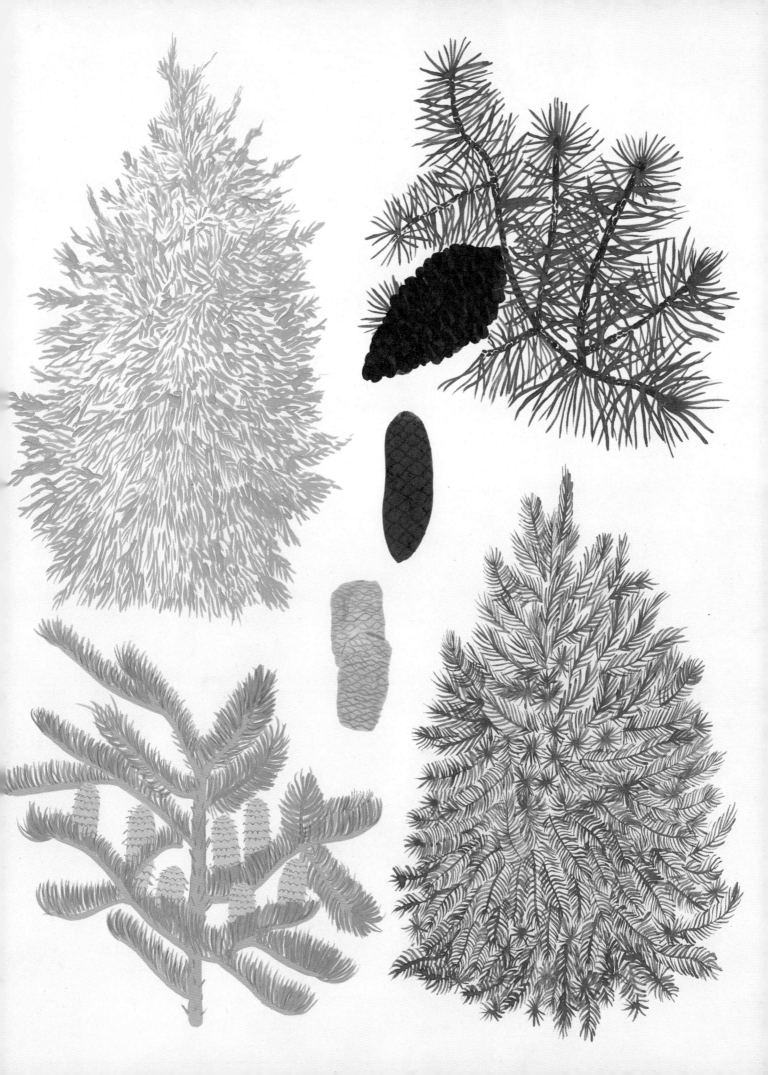

Frutti di Bosco

浆果

Fragaria 草莓；*Rubus* 黑莓；*Rubus idaeus* 覆盆子；
Ribes 红醋栗；*Vaccinium myrtillus* 蓝莓

　　浆果是一类野生植物，其中草莓、黑莓、覆盆子、红醋栗和蓝莓最为著名，分布也最广。它们有着截然不同的特点，想想带刺的黑莓荆棘和柔嫩的草莓幼苗之间的区别就知道了：它们的共同点不是植物种类，而是下层林丛中的野生生长环境。

　　浆果的价值很高，人们可以在森林和田间散步时将其采摘，这让它们变得更加美味并受人喜爱。在厨房里，浆果被用来制作果酱、冰激凌、蛋糕、果汁和水果沙拉，或是作为佐料为菜肴调味。

　　浆果在北欧广受欢迎。例如，在斯堪的纳维亚半岛上的国家，人们爱用蔓越莓制作成的一种特殊的酱汁，用来搭配鹿肉。这些吃起来酸酸甜甜的浆果也是美国感恩节（即每年 11 月在美国举行的"感恩节盛宴"）的主角。加入蓝莓、糖和一点橙子皮，著名的蔓越莓酱就做好了！浆果富含许多有益成分，对促进血液循环、改善视力和预防感染非常有效。

红醋栗
RIBES

草莓
FRAGOLE

蓝莓
MIRTILLO

覆盆子
LAMPONE

黑莓
MORE

Gelso

桑树

Morus

桑树是一种原产于中国的果树，现在广泛分布于欧洲、美洲、非洲和亚洲。意大利也有两个已知的桑树品种，根据果实颜色不同分为白桑和黑桑。

桑树的名气主要来自它的叶子和果实。桑叶可用于养蚕。白色的蚕宝宝以桑叶为食，产出珍贵的桑蚕丝。而这种植物的甜味果实——桑葚，则被用来制作西西里岛特有的格兰尼塔冷饮，十分美味。

老普林尼称桑树为"智慧树"，因为它最晚开花，但却最早结果，这种特性可以使桑葚免受霜冻的损害。

得益于价格高昂的桑蚕丝，几个世纪以来，白桑树已经成为一种珍贵的植物，因此在 17 世纪时，曾经以种植柑橘而闻名的巴黎杜乐丽花园开始种植桑树取代柑橘树 。法国很快就爱上了这种树，种植桑树的风气日渐盛行，特别是里昂市，那里成了重要的丝绸生产中心。

古希腊人和古罗马人曾将黑桑树作为药用和美容植物。奥古斯都皇帝曾建议在饭后食用黑桑葚，以确保整个夏季都身体健康。

古罗马妇女用桑葚敷脸，这种由果实制成的可溶糊状物就是如今粉底的前身。

Faggio

欧洲水青冈

Fagus sylvatica

欧洲水青冈是一种原生于瑞典的树种，现在广泛分布于欧洲、美洲、日本和中国等地。水青冈主要生长在纯林[1]，也就是水青冈林中，但也生长在混交林，即除水青冈外还有其他树种（尤其是冷杉）的林中。

欧洲水青冈高 15 至 35 米，喜欢阴凉潮湿的环境。它的树干笔直，树皮光滑发亮，上面有许多树枝，树叶浓密，呈椭圆形，颜色为深绿色。

在意大利，水青冈是阿尔卑斯山脉和亚平宁山脉森林中分布最广的树种，其中位于贝卢诺的阿尔卑斯高原上的"雷默密林"（Gran bosco da Reme）较为著名，过去威尼斯共和国曾在这里采购木材，用于制作船桨。

1 译者注：指由单一树种构成的森林。

　　如今，水青冈木仍因其耐磨且不易碎裂的特性而被广泛用于制造家具和乐器，如小提琴和钢琴。

　　也许，并非每个人都知道水青冈能结出可食用的果实——水青冈果。水青冈果的外壳呈圆球形，上面长满了刺，就像一个有趣的头饰。如今，水青冈果主要是松鼠和野猪的食物，但在过去，它也被人类广泛食用，人们将它像小栗子一样烤熟，加工成调味油和类似咖啡的饮料。

　　在药用方面，由于水青冈具有舒缓和消炎的特性，人们将其树皮和花蕾在特殊的蒸馏器中进行加工，作为一种药剂使用，特别是树皮煎剂，是治疗发烧和支气管炎的良药。

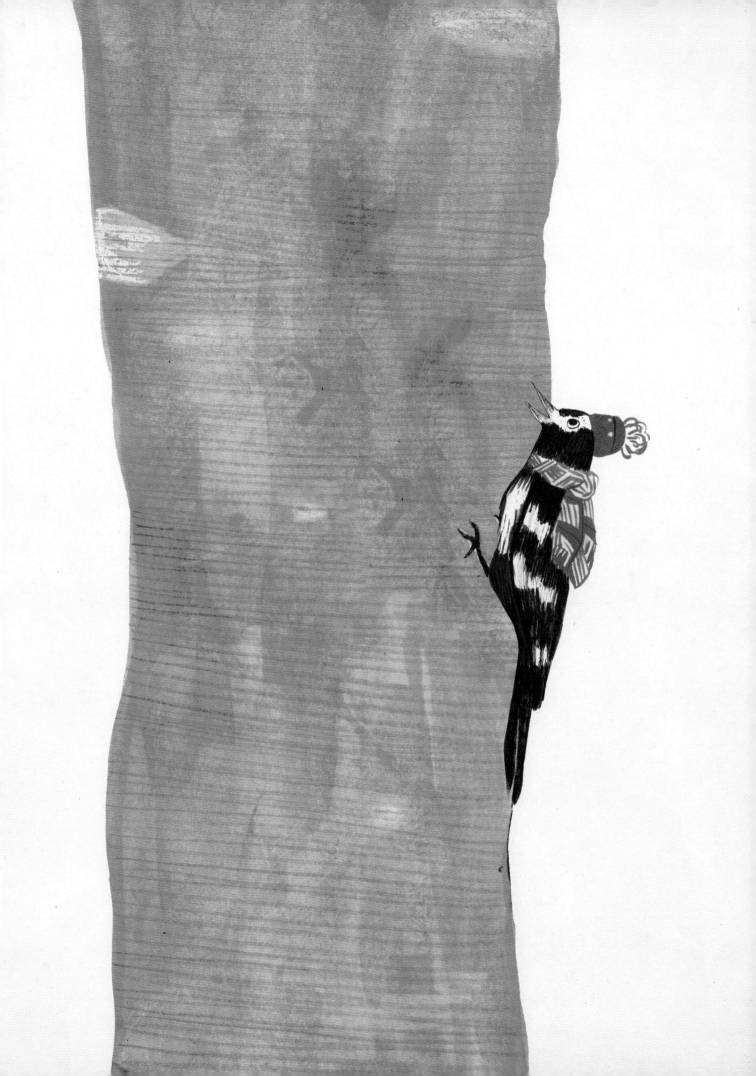

Quercia

橡树

Quercus

橡树通常指栎属植物，包含多个不同的树种。在意大利，最常见的是雄伟的橡树，其显著特征是裂片叶（即圆状有裂痕的叶片）和被称为橡子的果实。

分布较广的橡树品种有冬青栎（一种典型的地中海常绿植物）、夏栎（一种珍贵的、木材耐腐的高大乔木）和栓皮栎（一种主要分布在撒丁岛的橡树，其树皮可制作软木塞，主要用于生产酒瓶的瓶塞）。

橡树可以高达 30 米，几百年树龄的标本并不罕见。在意大利托斯卡纳皮恩扎附近，有一棵名为"切切"（checche）的橡树，据说已有 350 年的树龄。它的树干直径超过四米，夏季树冠高达 35 米，是许多动物的理想庇护所。

　　"Checche"这一名字实际上指的是喜鹊,喜鹊在托斯卡纳方言中被称为checche。这棵树非常珍贵,因此它受法律保护,并被任命为意大利第一个绿色纪念碑,有志愿者专门负责保护,并提供一切必要的照顾。

　　在神话中,橡树被誉为宙斯之树。多多纳是希腊最古老的神谕之乡。在这里,朝圣者向神灵提问,而神灵则用一种神秘的方式,通过神庙中神圣的橡树给出答案。女先知们从树枝的声音中解读出的信息,据说就是宙斯的神谕。

Agrifoglio

欧洲枸骨[1]

Ilex aquifolium

欧洲枸骨又名假叶树，是一种多刺灌木，高度可达 10 米左右。它的叶子边缘卷曲成刺状，因此最好不要靠近，以防受伤。另一方面，欧洲枸骨的外观受人喜爱，它的枝条在圣诞节期间被用作装饰，人们看到冬青就能联想到圣诞节。

欧洲枸骨的叶子呈明亮的绿色，有时还带有奶油色的叶脉，但它最重要的特点其实是果实，枸骨以鲜红的浆果而闻名，光是看着就能让人心情愉悦。在各种古老的传统中都有着枸骨的身影，它象征着冬天的重生，能够抵御阴灵。老普林尼曾建议将枸骨种植在大门旁边，以驱除恶魔；在古罗马，有一种传统是给新婚夫妇赠送一枝枸骨，以示吉祥。

在北欧的传说中，众神之王奥丁的儿子巴德尔被箭射伤，倒在枸骨树丛中，枸骨树在他生命的最后时刻支撑着他。奥丁神为了感谢枸骨，将它变成了常青树（但事实上，我们知道枸骨的叶子每年都会更新），并在树上挂满了红色的浆果，以纪念巴德尔流下的鲜血。

枸骨在圣诞节的装饰用途源自爱尔兰的一个传统——在没有其他装饰品的情况下，人们就用挂满闪亮红球的枸骨树枝来装饰房屋。

1 译者注：又名欧洲冬青。

Pino Mugo

矮赤松
Pinus mugo

矮赤松，别名欧洲山松。山松属于针叶树，是一种长有针形叶子并结有松果的植物。与松科中可以长得很高的其他树木不同，山松是一种灌木，小而紧凑，下部的枝条通常铺在地面上，以更好地抵御强风。

山松生长在山间，它的根部可以让土壤变得紧实，防止山体滑坡和雪崩。和许多松树一样，山松也是常绿植物，因此它的针叶永远不会脱落，山松的针叶长3厘米到4厘米，夏天刚发芽时呈美丽的浅绿色，随着不断生长，针叶会逐渐呈现出松树典型的深绿色。

山松是一种药用植物，具有治疗功效，其价值之高受到法律保护。从山松的树枝中可以提取出山松油，这种油能够治疗咳嗽，因其芳香特性，还有熏香的功效。此外，在山区，山松的花蕾还被用来制作糖浆、格拉巴酒、糖果和风味蜂蜜。

在南蒂罗尔，流传着这样一个传说：一位擅长用植物配制药剂的女巫，在夜间把山松树枝放在火上烘烤，以创造能量，再从这些能量中提取出一种神奇的油，并用它为牧羊人和农民治病。

Corbezzolo

草莓树[1]

Arbutus unedo

    草莓树是一种常绿灌木，广泛分布于地中海和北非，在爱尔兰南海岸也有生长。它结出的小浆果在 10 月到 12 月间成熟，颜色鲜红，果肉呈黄色，外皮略有皱褶。草莓树果实含糖量高，主要用于制作果酱。

    在意大利，草莓树广泛分布在安科纳海岸的科内罗山附近，那里曾有庆祝圣乔达和圣西蒙节的传统。这一天，人们蜂拥到山上吃草莓果，并用草莓树枝为自己加冕。如今，这一传统已不复存在，但草莓树在当地仍然茂盛生长并受到人们的喜爱，以至于安科纳的盾形纹章上就画着一枝结满金色浆果的草莓树。

    在意大利复兴运动期间，草莓树因其绿色的叶子、红色的浆果和白色的花朵这种外表特征，被当作意大利国旗的象征。

    撒丁岛的特色产品是草莓树蜂蜜，这是一种稀有产品，因其略带苦味和消炎特性而与众不同。

    也许不是每个人都知道，有一种"草莓树蝴蝶"，其幼虫以草莓树的叶子为食，成虫则以草莓树的果实为食。

---

1 译者注：杜鹃花科草莓树属植物，常绿小乔木或大灌木，广泛分布于欧洲和北美洲。

Mirto

香桃木

Myrtus communis

香桃木原产于地中海地区，是一种灌木，通常是灌木丛或小乔木，高约 1.5 米。幼苗时，其树皮呈红色，长大后则呈灰色。香桃木的叶子有光泽，呈深绿色，花朵气味芳香，呈美丽的粉白色，花期在 6 到 7 月之间。香桃木的果实是一种圆形浆果，颜色有白色、红色到紫色等。

香桃木的浆果可用于制作果酱和给肉类调味，而叶子则可用于制作健康的草药茶。这种植物最著名的配方无疑是桃金娘利口酒，它是意大利撒丁岛和科西嘉岛的特产。

在希腊神话中，香桃木与米尔辛（Myrsine）有关，米尔辛是一位亚马逊女子，曾在田径比赛中击败英雄特修斯，因此被雅典娜女神变成了这种灌木。

古罗马人认为香桃木是一种与维纳斯有关的植物，维纳斯出生时从塞浦路斯海的波涛中浮出，那时她正是用香桃木枝条来遮盖自己的。

Ginestra

鹰爪豆

Spartium junceum

鹰爪豆是一种自然生长的灌木植物，开着美丽芬芳的黄色花朵，生长在树林边缘和悬崖峭壁上。鹰爪豆广泛分布于地中海地区，能很好地适应阳光充足和干旱的气候。由于鹰爪豆能生长在沙质斜坡上，根系能深入土壤，因此，人们认为它们对防止山体滑坡非常有用。鹰爪豆的纤维与大麻和亚麻相似，因此在古代被用来制作纺织品、绳索和衬垫。

在西西里岛和卡拉布里亚，人们采摘鹰爪豆花来制作一种蜂蜜色、带有浓郁香味的糊状物，这种糊状物似乎含有新鲜花朵的精华，能够产出一种特殊的蒸馏物，被称为"鹰爪豆香精"，可用于制作香水。

鹰爪豆曾受到一些伟大诗人的关注。贾科莫·莱奥帕尔迪（Giacomo Leopardi）就专门为鹰爪豆写过一首诗。他在诗中赞扬了鹰爪豆的力量及其在维苏威火山山坡上生长的能力，没有任何其他植物或花卉敢于在那里冒险求生。

在可怕的维苏威火山干旱的山坡上，
鹰爪豆一露面，任何树木或花朵都不再欢喜。
孤独的灌木丛周围散落着香气四溢的鹰爪豆，
它们甘愿生活在沙漠中。

Ortica

异株荨麻[1]

Urtica dioica

异株荨麻是一种野生植物，因其可怕的刺痛感而得名，它广泛生长在树林边缘和乡村道路两旁。荨麻几乎随处可见，人们认为它是多年生植物，即一年四季都有。

人在触碰荨麻时会有强烈的刺痛感，这是因为它的毛尖在被触碰时会断裂，释放出一种酸性物质，立即引起灼痛。

但荨麻并不是一种坏植物！事实上，它的叶子被认为是万能药，可用于多种疗法，并能增强免疫系统的功能。荨麻富含矿物质和维生素，自古以来就具有治疗功效。

中世纪时，"莱茵河女先知"圣希尔德加德曾经建议将荨麻作为治疗记忆力不佳和注意力不集中的良药。

---

1 译者注：学名，下文中简称荨麻。

许多世纪以前，甚至有一位苦行僧专门以荨麻为食。这位僧侣名叫米拉日巴，在西藏的一个山洞里终日打坐。他通过潜心悟道和只吃荨麻，获得了智慧，直至开悟。事实上，他的肤色与荨麻的颜色相同，荨麻的特性使他得以生存。

尽管荨麻的叶子带刺，但它仍然被用作纺织纤维，用来制作衣服和床单，尤其是在战争期间。

荨麻饭

你知道荨麻可以制作美味的烩饭吗？

300 克大米 ❦ 150 克荨麻叶 ❦ 1 个洋葱 ❦ 蔬菜汤
40 克黄油 ❦ 60 克帕尔马干酪 ❦ 盐 ❦ 胡椒 ❦ 食用油

将黄油、食用油和洋葱一起翻炒，变色后加入米饭，并在蔬菜汤中煮熟；煮沸荨麻，在米饭煮到中途时加入。最后加入黄油、胡椒粉和帕尔马干酪，搅拌均匀即可。

Piante dal mondo

世界各地的植物

　　植物所承载的故事是真正的知识宝库。从一株小小的植物身上，我们可以了解到整个世界——想想它的起源，想想它常常被带到地球另一端的旅程，想想它代表着不同民族之间的重要交流，丰富了民族的文化。但必须指出的是，由于人类的自私，这种交流并不总是公平的。

　　我们拿可可来举个例子吧。在可可的原产地，人们自古以来就赞颂它的美妙，由于海外传播，可可在世界各地都得到了人们的喜爱，至今仍然无愧于世上最受欢迎的三大饮料之一的美誉。

　　我们每天吃的许多食物都来自遥远的国度，但也并不仅仅是食物。即使是我们书写的纸张，其发明也要归功于一种与我们的生活环境格格不入的植物——纸莎草，以它为原料的纸莎草纸，是如今以树木为原料并日常使用的纸张的远亲。

　　记住我们所说的"外来"植物的起源尤为重要，包括那些我们现在理所当然地"据为己有"的植物，因为它们已经成为我们生活环境的一部分，并完全适应到其中。认识到这一点，我们就会对不同的文化心存感激，发现彼此之间意想不到的亲密关系，以及探寻文化中与生俱来的财富。

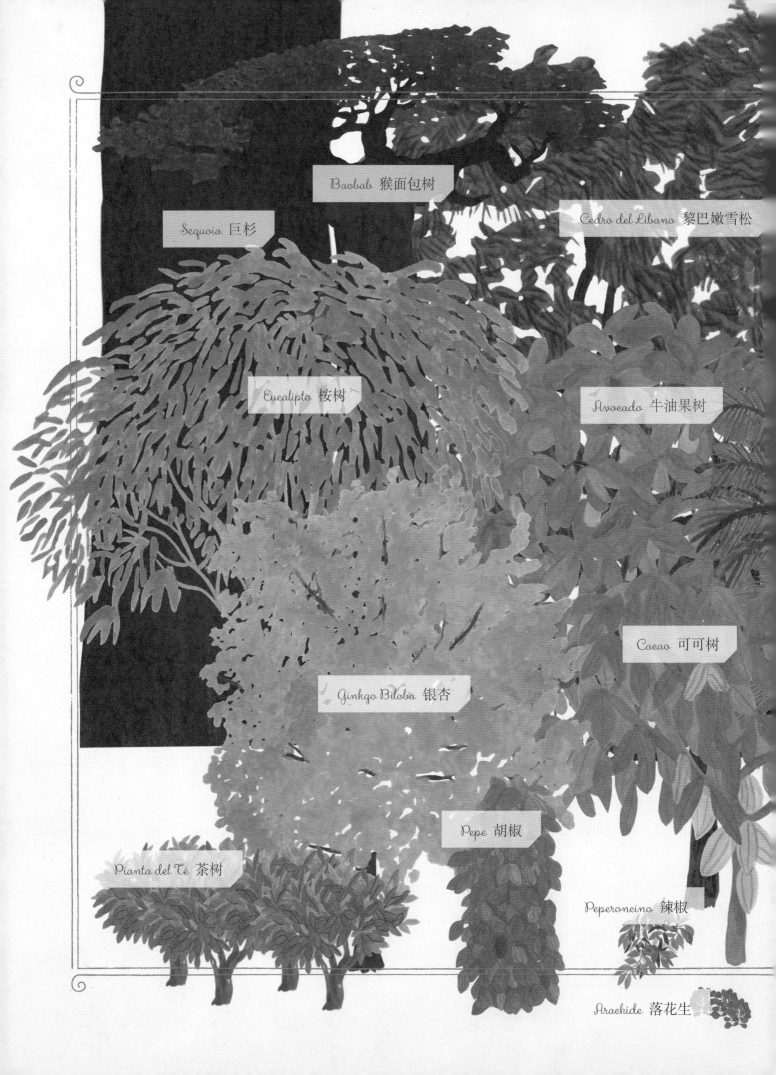

Baobab 猴面包树

Sequoia 巨杉

Cedro del Libano 黎巴嫩雪松

Eucalipto 桉树

Avocado 牛油果树

Cacao 可可树

Ginkgo Biloba 银杏

Pepe 胡椒

Pianta del Tè 茶树

Peperoncino 辣椒

Arachide 落花生

Palma da Cocco 椰树

Palma da Datteri 海枣

Caffè 小粒咖啡

Banano 芭蕉

Cannella 锡兰肉桂

Pistacchio 开心果树

Canna da Zucchero 甘蔗

Papiro 纸莎草

Grano 小麦

Riso 水稻

Zenzero 姜

Vaniglia 香荚兰

Arachide

落花生

Arachis hypogaea

    落花生又名花生，是一年生草本植物，每年 4 至 5 月间播种，10 月收获，原产于南美洲，至今仍在种植。

    我们食用的部分是落花生的种子，也叫美洲花生或西班牙花生。那么，你知道落花生实际上是生长在地下的豆科植物吗？没错，落花生开花后，花瓣附着的茎秆会伸长并逐渐向下，直到进入地下，在那里，豆荚与其他豆科植物的豆荚一起生长并成熟。收获时，我们只需将落花生连根拔起，再把种子晒干即可。

    落花生的种子可以食用，但在食用前必须烘烤。落花生还可用于生产花生酱和花生油，美国人常用花生酱调味，花生油则是油炸这种烹饪手段的最佳选择。

    落花生含有蛋白质、精氨酸和锌、镁、钾等矿物质，并能提供大量热量。也许这就是落花生赋予卡通人物高飞（Pippo）著名的超能力的原因！

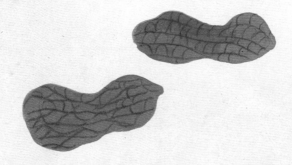

Cannella

锡兰肉桂

Cinnamomum verum

    并不是每个人都知道肉桂这种香料，肉桂常见的外形呈粉末状和细长的棍状，实际上，它来自一种 10 到 15 米高的常绿树。

    与其他香料不同，锡兰肉桂既不是从果实也不是从种子中提取，而是从树皮和树枝中提取的，将树皮和树枝切开后晒干，得到的肉桂呈卷曲的浅棕色小叶状。

    锡兰肉桂的香味浓郁而有穿透力，甜中略带辛辣，让人不由自主地想起圣诞节。

    锡兰肉桂原产于斯里兰卡，在中国古代就被发现并广泛用于医疗。拉丁诗人奥维德将传说中浴火重生的鸟儿——凤凰的神话与这种植物联系在一起。奥维德写道，凤凰在长生 500 年后，会在棕榈树顶上筑巢，在巢中堆满各种树脂和香料，其中就包括肉桂，而后，凤凰就在这些令人陶醉的芳香中吐出最后一口气。

    在中世纪，肉桂作为香料在贵族中风靡一时，是权力和财富的象征，可以在宴会上展出。我们可以确定，在威尼斯这样一个繁忙的港口，东西方之间的肉桂贸易是非常普遍的。

Cacao

可可树

Theobroma cacao

可可原产于南美洲，广泛分布于赤道地区。可可树高约 6 米，结出黄绿色的大果实，果实成熟后颜色变深，果实里的种子就是可可豆，人们用它来生产世界上最美味的食品之一：巧克力。果实中的可可豆浸泡在一种叫做可可脂的白色浆液中。

早在几千年前，玛雅人和阿兹特克人就已经发现并使用可可。他们将可可视为圣物，称之为 "卡考"（kakaw）。他们用可可种子调制出一种苦涩、辛辣的饮料，作为一种荣誉的象征，献给客人和有特殊声望的人。

哥伦布发现美洲后，可可从美洲传到欧洲，成为一种时髦的食品。人们认为可可是有益身体健康的良药，优雅的女士们都会喝上一杯巧可可。在意大利，巧克力在佛罗伦萨贵族——美第奇家族的宫廷中问世，他们是巧克力的忠实拥趸。

Caffè

小粒咖啡
Coffea arabica

小粒咖啡原产于埃塞俄比亚，生长在赤道和热带地区，是一种灌木，高度可达 10 米，花朵呈白色，花期只有两天。花朵绽放后，会结出圆形的绿色核果，成熟后变成鲜红色。小粒咖啡的成熟期长达 11 个月。

小粒咖啡的果实内有两粒种子，我们通常称之为咖啡豆。人们从果实中提取咖啡豆，洗净，最后烘焙，用于生产一种世界闻名的饮料：咖啡。

埃塞俄比亚流传着这样一个传说：一个牧羊人发现他的山羊在吃了一种植物的浆果后变得更加机灵和活泼，就这样他发现了小粒咖啡；他决定自己品尝一下，于是就发现了小粒咖啡提神的功效。

还有一种说法是，阿拉伯人对外国人隐藏了咖啡种子的存在，但一些欧洲商人设法从他们那里偷走了一株咖啡树苗。就这样，小粒咖啡传遍了全世界。

在意大利，名为"botteghe del caffè"的咖啡店很快开张，人们可以在店里品尝咖啡。那不勒斯人最早发明了咖啡壶，今天仍被称为"那不勒斯式咖啡壶"。米兰人则发明了意式浓缩咖啡机，至今仍在世界各地使用。

几个世纪以来，人类发明了无数种制作和享用咖啡的方法。美式咖啡用大杯盛放，可以保存较长时间；法式咖啡用活塞壶冲泡；而土耳其咖啡则用叫作 cezve 的土耳其咖啡壶冲泡，这种咖啡壶是用特制黄铜制作的。

Zenzero

姜

Zingiber officinale

姜是一种原产于远东地区的草本植物，有根茎，我们也将其用作香料。它的外皮呈褐色，里面是新鲜、黄色、略带汁液的果肉。

姜味辛辣刺激，佐菜烹饪后有助于消化，因此，在我国和亚洲其他地区，姜被广泛用于搭配肉类和鱼类菜肴。姜还可以泡水喝：将姜切成小块放在热水中煮，可以加入一片柠檬和少许蜂蜜，煮好后就成了一种简单而美味的饮料，能够缓解恶心和喉咙痛等症状。

在盎格鲁-撒克逊国家，姜被称为姜黄，用于制作无酒精饮料、姜汁啤酒和姜汁麦芽啤酒，也用于制作甜点，如著名的姜汁面包，字面意思是"姜饼"，当然还有生姜制作的饼干！

相传是亚历山大大帝把姜带到了西方，在那里，姜因其多种特质获得了"神奇植物"的美誉；在中国，哲学家孔子不也爱吃姜食疗？古希腊的毕达哥拉斯则推荐用姜治疗蛇咬伤。

Pistacchio

开心果树[1]

Pistacia vera

开心果树是原产于波斯（今伊朗）的一种非常古老的植物，寿命可达 300 年。它的茎相当低矮，高约 5 米，呈红黄色，叶片茂密，上面结满了果实，果实的外壳又硬又薄，里面是翠绿色的种子。

开心果树广泛分布于叙利亚和地中海盆地，阿拉伯人把它带到了西西里岛，那里的勃朗特品种至今仍很有名。由于该镇位于埃特纳火山斜坡上，土壤具有熔岩特征，因此这个品种的开心果品质较好，世界闻名。开心果树的果实可以制作许多甜味和咸味的特色美食，如香蒜酱、冰激凌、奶油、牛轧糖和巧克力棒。

开心果在西方经典中早已被提及，据说雅各布曾送给埃及法老许多礼物，其中就包括开心果。富有的萨巴女王也很喜欢吃开心果，她有好几个开心果树种植园。波斯裔哲学家和医学家阿维森纳曾将开心果描述为一种非常健康的坚果，能够治疗肝病。

科学研究表明，开心果中富含抗氧化剂，是一种非常有益的食物。

---

1 译者注：学名为阿月浑子，为便于理解此处译作开心果树。

Canna da Zucchero

甘蔗

Saccharum officinarum

　　甘蔗是一种灌木植物，原产于亚洲，茎长约 3 米，含有甜美多汁的纤维，可榨汁鲜食或加工成糖。

　　甘蔗的种植历史非常悠久，大约在 3000 年前，人们就已经开始种植甘蔗。相传最早将甘蔗带到西方的是亚历山大大帝，他为这种无需蜜蜂或果实就能产生甜味的芦竹深深着迷。中世纪时，阿拉伯人将甘蔗在西方广泛传播，先是在西班牙，然后是西西里岛。许多世纪后，随着美洲的发现，甘蔗也从西班牙到了新大陆。

　　甘蔗的种植一直很普遍，直到 19 世纪初才开始被甜菜取代，也正是从那时起，甘蔗开始被用于工业化制糖。要从甘蔗中制糖，必须先挤压甘蔗的茎，然后将获得的汁液煮沸至黏稠，待液体冷却后，就可以从中提炼蔗糖了。

　　甘蔗在亚洲、美洲、非洲和澳大利亚都有种植，而在欧洲，只有西班牙和葡萄牙的部分地区种植甘蔗。

Palma da Cocco

椰树

Cocos nucifera

椰树是一种能够在沙土和盐碱地上生长的植物，经常出现在热带岛屿的海滩上，高度可达 30 米。椰树细长的树干非常灵活，能够抵御猛烈的风暴。

椰树的果实大约在 12 个月内成熟，生长在植株的顶端，因此，在一些亚洲国家，人们会训练猴子爬上树干采摘椰子。

椰子虽然重达两千克，但掉入海中后会漂浮起来，被海浪冲到岸上。种子在沙地上发芽，长出新苗。

我们通常所说的椰子其实就是椰子树的种子。椰子的果肉又白又甜，包裹在果实中，果实非常大，未成熟时呈绿色。

　　椰子果肉营养丰富，富含矿物质和维生素，可用于制作黄油、面粉、饮料、牛奶和食用油。椰子的风味使其成为制作甜点的绝佳材料，在原产国，椰子还被用来制作汤和肉类菜肴，并在其中加入咖喱等香料调味。

　　椰子树对于原产国的居民来说是一种非常重要的树种，不仅可以食用，而且用途广泛。

　　在成熟之前，椰子果实中富含椰子水而不是果肉。因此，当地居民在需要解渴时会采摘未成熟的果实。用一把大刀割下果实的顶端，用吸管直接喝里面的椰子水。

Vaniglia

香荚兰

Vanilla planifolia

香草的香气能丰富甜点和冰激凌的味道，因此深受人们喜爱，但它实际上是一种兰花的花朵。香草是从唯一能结出可食用果实的兰科植物的豆荚中提取出来的，这种植物名为香荚兰，最初产自墨西哥，是一种藤本植物，分枝多，生长后可长达 15 米，因此，人们往往将香荚兰种在甘蔗等植物附近，以便它们攀附在其他植物上生长。

香荚兰生长在热带地区，栽培过程十分复杂，耗资巨大。事实上，要获得 1 千克天然香兰素（也就是我们用来调味的物质）需要很多豆荚。此外，种植后，人们需要等待长达 3 年的时间，才能迎来香荚兰的第一次开花。

也许这就是阿兹特克人认为香草如此珍贵的原因，他们曾将香草与可可混合，制成著名的"众神之饮"。

最珍贵的香草产自马达加斯加，被称为波旁香草。香荚兰收获后，豆荚会被烘干，所以，我们在商店里看到的香草，就像一根又细又黑的棍子。

Papiro

纸莎草

Cyperus papyrus

纸莎草是一种典型的埃及尼罗河沼泽草，茎长 3 至 5 米，顶端呈伞状长束。纸莎草一般生长在河岸，根部扎入水中。

纸莎草因是历史上最早的书写媒介之一而闻名于世。事实上，纸莎草纸是用轻质纤维条制成的，粘在一起后形成一张纸，古埃及人在上面用图画讲述他们的世界，传承他们的历史。

就这样，埃及成为纸莎草主要的生产和贸易中心。纸莎草纸卷促进了重要图书馆的建立，让这些图书馆成了名副其实的知识宝库。其中最有名的是埃及的亚历山大图书馆，它是古代最大、馆藏最丰富的图书馆，由托勒密二世创建，藏书约 50 万卷。

纸莎草除了用于书写和绘画，还可用于制作绳索、船只、篮子、鞋子，甚至制作食品。随着时间的流逝，纸莎草作为书写工具的使用功能逐渐被羊皮纸和纸张所取代。不过，在许多语言中，"纸张"一词正是源自纸莎草（papiro），比如，英语中的"paper"，德语和法语中的"papier"，西班牙语中的"papel"。

Pepe

胡椒

Piper nigrum

　　胡椒是一种攀缘植物，原产于印度，可长到 4 米高。胡椒的花朵呈白色，气芳香，果实为小浆果状，成熟后变成红色。每个浆果中的种子就是胡椒，可作香料使用。胡椒有黑色、白色、绿色或粉红色，这取决于收获时果实的成熟度。

　　在过去的几个世纪里，胡椒非常珍贵，以至于人们还用它来充当过货币。事实上，胡椒是保存食物不可或缺的香料。早在 2000 年前，胡椒就从印度运往西方，对古罗马人来说，胡椒是真正的奢侈品，是财富的象征。人们只知道胡椒的颗粒，却不知道胡椒的植株，认为它生长在一个神秘而遥不可及的地方。

　　在中世纪，几乎所有销往欧洲的胡椒都是由威尼斯商人带来的。在水上城市威尼斯，胡椒由号称"胡椒先生"的专门官员拍卖。

　　胡椒具有典型的辛辣味，这是一种叫做胡椒碱的物质造成的。不过要小心，这种物质对黏膜有刺激性，如果吸入，会使鼻子发痒，导致猛烈地打喷嚏！

水稻
Oryza sativa

    水稻是一种草本植物，原产于亚洲，长有绿色的稻穗，稻穗的顶端是含谷粒的圆锥花序。这种植物几乎在世界各地都有栽培，是世界上食用最广泛的谷物。水稻有多种品质，品质优劣取决于种植地。你知道世界上还有一种芳香的水稻品种吗？那就是巴斯马蒂水稻（印度香米），产于印度和巴基斯坦。它的名字在印地语中的意思是"芬芳的女王"。

    水稻在地球上存在的历史十分悠久，甚至可以追溯到 15000 年前。欧洲人是从亚历山大大帝开始听说水稻的，他在远征亚洲时接触到了这种作物。在意大利，真正意义上的水稻种植始于 15 世纪中期，在米兰公爵卢多维科·伊尔·莫罗的要求下，洛美利纳地区开始了水稻种植。不久之后，水稻生产就遍布整个波河平原，那里是一片沼泽地，土壤潮湿且积水较多，非常适合种植这种谷物。时至今日，这片土地上的大米依然十分有名。

    在东方，大米几乎是神圣的，人们在宗教仪式上供奉大米，并用于赎罪。在意大利，大米也被赋予了类似的价值，虽然不像东方那么重要，但也有相关的习俗——人们向新婚夫妇投掷大米，以表达美好的祝愿。

由米饭烹制而来的菜肴很多，但在意大利最有名的是"米兰烩饭"。这道菜来自一次偶然，或者说是一个玩笑：在玻璃彩绘大师瓦莱里奥·德·费昂德拉（Valerio di Fiandra）的女儿的婚宴上——当时他正在米兰大教堂绘制彩色玻璃窗，他的助手扎费拉诺（Zafferano）在宴席上的米饭中加入了以瓦莱里奥的名字命名的香料（他用这种香料来提亮大师的色彩），结果，一道色如黄金的美味佳肴出炉了，光是看着就能让人心情愉悦。

在中国和越南等东方国家，一种典型的水稻种植方法是"梯田"：在陡峭的山坡上建造出壮观的稻田，远看就像一层层阳台一样。梯田以高效的灌溉系统为特色。

Avocado

牛油果树

Persea americana

牛油果树原产于中美洲山区，尤其是墨西哥山区。它的茎高达 20 米，枝繁叶茂，高耸入云。牛油果树结出的果实形状与梨相似，但更圆更饱满，果皮或光滑或有皱纹，呈绿色或深紫色，里面是一颗大果实，果肉黄中带淡绿色，成熟后非常柔软。

牛油果含有丰富的有益物质，尤其对心脏、神经系统和免疫系统有益。牛油果还可以制成美容油，用于滋养皮肤。

在地中海地区也种植牛油果树。在西班牙和以色列，由于牛油果烹饪用途广泛，已成为一种越来越受欢迎的水果。事实上，许多甜味和咸味食谱都可以用牛油果烹制，其中有些非常简单。最有名的是牛油果酱，这是一种非常古老的墨西哥酱料，其历史可以追溯到阿兹特克时代：人们将牛油果捣成泥状，用青柠汁和盐调味，配上酥脆的玉米饼食用。

在墨西哥，牛油果树叶也用于一些菜式的制作，因为它具有辛辣、类似茴香的味道。

Pianta del Tè

茶

Camellia sinensis

　　茶作为一种有名的饮品，是用一种原产于东南亚、开着白色或黄色小花的灌木的叶子和芽制成的。现在，其他许多地区——尤其是热带和亚热带气候地区也种植茶树。从这种灌木中采摘最嫩的叶子并将其晒干，根据不同的加工方式和不同的品质（如绿茶、白茶、红茶），将这些叶子放入沸水中浸泡，制成饮品。

　　茶在世界各地都被广泛饮用，特别是在东方。在欧洲，最著名的饮茶国家是英国，在那里，喝茶是一种真正的仪式：下午茶。下午5点钟，在一些特定的场所，人们可以欣赏到摆满蛋糕、甜点和咸点的华丽托盘，一边品尝甜点，一边饮茶，通常人们还会将茶与牛奶混合饮用。

　　在中国，茶艺是一种文化。日本茶道源于中国，成为一门艺术，日本茶道可以追溯到非常古老的时期，当时，佛教僧侣将茶从中国带到日本。从那时起，日本就形成了一种至今仍是传统的饮茶仪式，包括特定的备茶、倒茶和饮茶方式，还伴有一种沉着、清静、和谐的姿态。

Peperoncino

辣椒

Capsicum

作为一种植物，辣椒有 2000 多个品种，它们的特性各不相同，最明显的是植物结出的果实，颜色和形状千差万别。辣椒果实是一种浆果，就是用来给菜肴调味的辣椒。众所周知，辣椒的主要特点是辛辣，这是因为它含有一种刺激性物质——辣椒素。

并非所有品种的辣椒都具有相同的辣度，药剂师斯科维尔发明了一种衡量标准，人们就用以他的名字命名的"斯科维尔"量表来测量辣度。世界上最辣的辣椒之一是哈瓦那辣椒，只有胆大的人才敢品尝。还有更辣的品种，但它们不能食用：这是因为它们刺激性太大，根本无法食用。

墨西哥人是真正的辣椒发烧友：他们是世界上食用辣椒最多的国家，甚至还举办过吃辣椒比赛。你知道吗，喝水其实对减轻辣椒的刺激感毫无用处，最好还是喝杯冰牛奶或吃点面包屑。科学家证明，这是最有效的解辣剂，可以扑灭这种汹涌的"浆果之火"！

Grano

小麦
Triticum

我们通常所说的小麦指的是小麦属，也就是不同种类小麦的总称。小麦（包括硬粒小麦、软粒小麦和二粒小麦）起源于新月沃地，新月沃地是中东一个古老的地区，土壤肥沃，小麦的存在对居住在这里的农业人口的发展起着决定性的作用。

小麦通常在 11 月初播种，6 月开始在田间收割。

小麦幼苗高 70 厘米至 1 米，长出名为穗的花序。这些花序中的麦粒并不是人们想象的种子，而是包含种子的果实。麦粒初生时是绿色的，干燥后变成金黄色。

用小麦粒碾磨出的面粉通常用于制作意大利面、面包、饼干和许多其他产品。麦粒外面覆盖着一层硬壳，可以选择保留或去除，前者可以得到全麦面粉，后者可以得到精制面粉。

小麦的种植起源非常古老，与农业的诞生有关，大约 1 万年前，人类从猎户变成了农民，就是从那时起，人类开始种植小麦。

　　你知道小麦的 DNA 比人类的大 5 倍吗？科学家已经成功地对小麦基因组进行了测序，它由 170 亿个"字母"组成！当你看到它时，你能想到这种小植物会如此复杂吗？

　　古代人尚未从科学的角度认识小麦，但他们也意识到小麦巨大的重要性，并在许多神话中赞美小麦。

　　对古埃及人来说，小麦与奥西里斯神有关，而对古希腊人来说，小麦是农业女神、宙斯的妹妹德墨忒尔的圣物。人们描绘的传说中的德墨忒尔的形象是这样的：德墨忒尔身处由两条蛇驾驶的战车，战车上载满了鲜花、果实和谷穗。

Banano

芭蕉

Musa

    芭蕉常被误认为是树，其实它是一种多年生草本植物，叶子又大又长，最高可达 3 米。 它有假茎：也就是假树干，每根树干都能结出一顶芭蕉头盔，挂满果实。

    芭蕉的果实被一层厚厚的黄皮包裹着，打开后露出白色、含糖、可食用的果肉，富含维生素和钾、铁、磷、钙等矿物质，被认为是一种可以使人精力充沛且营养丰富的水果。

    芭蕉是人类最早栽培的植物之一，早在 4000 年前就出现在亚洲。之后芭蕉从亚洲传到非洲，16 世纪时，随着葡萄牙人首次远航新大陆，芭蕉又从非洲来到美洲，并开始在那里生根，至今，芭蕉仍在美洲广泛种植。芭蕉的词源尚不确定，一种假说认为，它的名字来源于阿拉伯语"Banan"，字面意思是"手指"，有点像这种水果的形状。

Eucalipto

桉树

Eucalyptus

桉树是一种原产于大洋洲的常绿植物，高度可达 100 米。桉树是一种生长速度极快的树木，能适应恶劣和干旱的气候条件。它的叶片呈特有的披针形，即非常细长、果实为小花萼状的木质果实。

桉树因其香脂精华而闻名，这种精华被称为桉叶油醇，具有消炎作用，还可用于治疗感冒和咳嗽。主要产自撒丁岛的桉树蜂蜜也是桉树非常好的产品。

在澳大利亚，由于气温较高，桉树可能会被大火烧毁，但它们的再生能力非常强。事实上，在桉树树干内部有一些新芽，这些新芽受外壳保护，不会被火烧到，而且在火灾结束几天后就能发芽。因此，在很短的时间内，桉树上就会重新长满新叶。

桉树是考拉最喜欢的树，它每天大部分时间都在桉树上打瞌睡。考拉体内有一种有机体，使它能够食用桉树的叶子和果实，但不会受到其中有毒物质的影响（这些有毒物质会阻止其他动物吃桉树叶和果实）。考拉的食谱使得它柔软的皮毛散发出桉树的芳香。

Sequoia

巨杉

Sequoiadendron giganteum

　　巨杉雄伟高大，高度可超过 100 米，是世界上最高的树种。巨杉原产于北美洲，主要分布在加利福尼亚州和俄勒冈州。巨杉的寿命很长，可以活到 200 岁左右，有些甚至可以活到 4000 岁。

　　巨杉被认为是一种巨大的针叶树，叶子与松树相似，都是绿色，像针一样；树干笔直，像柱子一样粗壮，树干颜色为淡红色，略带芳香，树皮呈海绵状。巨杉以美洲印第安学者、切罗基部落字母表发明者塞古亚的名字命名。

　　世界上最高的巨杉树位于加利福尼亚州的美洲杉国家公园，被称为"希柏里翁"；而体积最大的巨杉树同样在美洲杉国家公园，它被称为"雪曼将军"，高耸入云。

　　几年前，为了抗议砍伐森林，一位名叫朱莉娅·希尔的美国作家在一棵巨杉上生活了整整 738 天！她爬上了其中一棵名为"露娜"的巨杉树，爬了 55 米高。朱莉娅克服了重重困难，用这一举动拯救了森林。

Palma da Datteri

海枣

Phoenix dactylifera

　　海枣是一种原产于小亚细亚的灌木，可以长到 30 米高。它是中东、印度和北非广泛种植的树种。

　　海枣树是沙漠绿洲的典型树种，结出的海枣果实味道鲜美，营养价值极高，海枣因其特性，通常在 10 月份成熟。

　　海枣的名字来源于拉丁文 dactylus，意思是手指，这与它的形状有关。每棵树一年能产约 100 千克海枣，是沙漠地区人们的重要食物来源。海枣果实营养丰富，富含矿物盐。

　　早在 5000 年前，人类就发现了海枣，古埃及人和古波斯人认为海枣是财富和繁荣的象征，而古希腊人和古罗马人则认为海枣代表荣誉和胜利。

　　有经验的采摘者用一根由植物纤维制成的简易绳索做辅助，帮助自己爬上海枣树的树干采摘海枣。

　　阿拉伯人称海枣为"我们亲爱的母亲"，因为他们认识到这种植物对人类在沙漠中生存的重要性。事实上，人们从海枣中获取的不仅仅是食物：海枣的叶子可以编织成篮子、垫子和帽子，而海枣的树干则可以用来做家具和建造传统民居。

　　在北非国家，尤其是在摩洛哥，人们爱用海枣制作一种美味的传统菜肴——塔吉内：将肉、蔬菜、海枣和其他干果（如杏或无花果）放在一个带有锥形盖子的特色陶锅中烹煮。

Ginkgo Biloba

银杏

Ginkgo biloba

银杏是一种非常古老的树，原产于中国，从史前时期就传到了西方。事实上，银杏是当今最古老的种子植物，也是 2.5 亿年前遍布地球的植物群落中的唯一幸存者。你没看错，我们说的是一种在恐龙时代幸存下来的树。达尔文称银杏为"活化石"，它的寿命长达千年。

在中国，银杏常常种植在寺庙和道观的花园中。银杏叶具有独特的双叶形状，类似双扇，代表阴阳对立统一。医生们对银杏的疗效——尤其针对银杏防止衰老和保持记忆的功效，进行了大量研究。

银杏的历史非常悠久，可以追溯到大自然还没有创造种子和果实的时代。事实上，银杏在 80 岁左右才开始结出"胚珠"。因此，银杏还被称为"祖孙树"：如果你年轻时种下一株银杏，那么你的孙辈也会喜欢它。到了秋天，银杏叶会在短期内迅速凋落，在地上铺成一块金灿灿的地毯，非常壮观。

Cedro del Libano

黎巴嫩雪松

Cedrus libani

　　黎巴嫩雪松是黎巴嫩的标志性植物，也是黎巴嫩国旗上的特色植物，它是一种典型的近东树种，但在地中海和喜马拉雅山的其他地方也有生长。黎巴嫩雪松是一种常绿植物，与松树同属一科，都有丛生的针叶，主要生长在丘陵和山区土壤中，高度可超过 40 米。

　　雪松是一种非常古老的树种，在《圣经》的多处经文中都可以找到它的踪迹，在这些经文中，雪松象征着人的美德。《圣经》中的一节经文写道："一个正直的人必定像棕榈树一样茂盛，像黎巴嫩雪松一样坚韧生长。"以色列国王所罗门想用黎巴嫩雪松和其他珍贵材料一起建造他的辉煌圣殿——这是耶路撒冷的第一座圣殿，耗时七年半才建成。

　　黎巴嫩雪松是一种芳香的木材。埃及人用它的树脂做防腐剂，用它的精油做香料。如今，藏族人仍然用它来制作具有香脂气味的熏香。

　　人们经常会把雪松与同名的柑橘类水果香橼[1]混淆，其实香橼是一种柑橘属的小灌木：它是一种果实较大的水果，果皮厚，呈黄色，有香味，用来制作蜜饯。

---

1 译者注：在意大利语中，雪松与香橼同名，都为 cedro。

Baobab

猴面包树

Adansonia digitata

猴面包树是热带非洲的典型树种，在澳大利亚也很常见，它的树干粗壮，直径可达 10 米。猴面包树是一种寿命很长的植物，树龄可达 2000 年。它在夜间开放芳香的花朵，结出硕大的果实，果实内含白色果肉和黑色种子。

猴面包树是非洲人民赖以生存的重要树种。它的每个部分都很有用，因此，许多国家都把它视为圣树，砍伐它被视为亵渎神灵。人们食用猴面包树的叶子、果肉和种子。猴面包树的种子还可作为咖啡豆的替代品，树皮可制成纺织纤维，用来制作地毯和帽子。最后，猴面包树还有一个非常特殊的功能，类似于淡水水库。它的树干可以储存数千升雨水，供旱季使用。

猴面包树有很多名字，如"温柔的巨人""生命之树""猴子面包树""倒挂树"。有一个传说解释了"倒挂树"这一叫法以及它的树枝像树根的原因。据说，众神嫉妒猴面包树的壮美和力量，试图将它连根拔起并倒挂起来，以此将它拉下神坛，但这反而使猴面包树呈现出独特鲜明的形状，成为非洲大陆的象征。